全国印刷行业职业技能培训教材

PINGBAN
YINSHUAYUAN
ZHIYE
JINENG
DASAI
JINGSAI
GUICHENG

平版印刷员职业技能大赛竞赛规程

主　编　姜婷婷
副主编　沈国荣　钱志伟

U0961124

文化发展出版社
Cultural Development Press

图书在版编目（CIP）数据

平版印刷员职业技能大赛竞赛规程 / 姜婷婷，沈国荣，钱志伟主编．— 北京 ：文化发展出版社，2022.6
ISBN 978-7-5142-3716-0

Ⅰ．①平… Ⅱ．①姜… ②沈… ③钱… Ⅲ．①平版印刷－技能－竞赛－规程 Ⅳ．① TS82-65

中国版本图书馆 CIP 数据核字 (2022) 第 046770 号

平版印刷员职业技能大赛竞赛规程

主　　编　姜婷婷
副 主 编　沈国荣 钱志伟

责任编辑：李　毅　朱　言　　责任校对：岳智勇
责任印制：邓辉明　　　　　　责任设计：郭　阳
出版发行：文化发展出版社（北京市翠微路 2 号 邮编：100036）
网　　址：www.wenhuafazhan.com
经　　销：各地新华书店
印　　刷：北京捷迅佳彩印刷有限公司

开　　本：787mm × 1092mm 1/16
字　　数：52 千字
印　　张：3.75
版　　次：2022 年 6 月第 1 版
印　　次：2022 年 6 月第 1 次印刷
定　　价：39.00 元
I S B N：978-7-5142-3716-0

目录

第 1 章　竞赛规则

1.1　竞赛方式

按照竞赛工种国家职业技能标准的知识要求和技能要求，分理论知识和实际操作两部分，两部分竞赛采用闭、开卷相结合的考试方法进行。

1.2　竞赛时间

1.2.1　理论知识

职工组和学生的考试时间均为 60 分钟，分为 3 种题型，包括单项选择题、多项选择题、判断题。

1.2.2 实际操作

1. 学生组

学生组的实际操作分为5个模块，用时为195分钟。包括产品印刷（50分钟）、印刷品质量弊病鉴别（20分钟）、复色墨调配（60分钟）、印刷设备维护保养（20分钟）、印刷模拟软件应用（45分钟）。

2. 职工组

职工组的实际操作分为4个模块，用时为165分钟。包括产品印刷（40分钟）、印刷故障排除（45分钟）、复色墨调配（60分钟）、印版质量检查（20分钟）

1.3 决赛考核技术文件

决赛考核技术文件，由各项目专家组制定，于竞赛前一年颁布。组委会秘书处配合评判委员会进行阅卷、检测和评分等工作。

1.4 参赛要求

参赛选手提前结束实际操作竞赛，须举手向裁判员示意。由裁判员将终止时间记录在实际操作现场记录表中。

1.5 竞赛设备

参加决赛的选手在实际操作中无须自带工具（参考决赛考核技术文件明细文件）。

1.6 成绩评定

1.6.1 评分方式

竞赛成绩由理论知识竞赛成绩和实际操作竞赛成绩两部分组成，理论知识竞赛成绩以百分计算，职工组得分的 30% 计入个人总成绩；实际操作竞赛成绩同样以百分计算，得分的 70% 计入个人总成绩，个人总成绩计算方式为：职工组个人总成绩 = 理论知识竞赛得分 ×30%+ 实际操作竞赛得分 ×70%。学生组理论竞赛得分的 40% 计入个人总成绩，实际操作竞赛得分的 60% 计入个人总成绩，个人总成绩计算方式为：学生组个人总成绩 = 理论知识竞赛得分 ×40%+ 实际操作竞赛得分 ×60%。

1.6.2 阅卷评分

理论知识竞赛试卷采用密封阅卷，实际操作印样采用密封编号后检测评分。

1.6.3 名次

大赛按照竞赛个人总分成绩决定大赛名次。总成绩相同者，以实际操作竞赛成绩高者为先，如实际操作竞赛成绩仍然相同，以实际操作竞赛时间短为先，若仍不能分出先后，取并列名次。

1.6.4 注意事项

代表队和参赛选手不得查阅理论知识考卷和实际操作考卷。

1.7 赛场准备

（1）赛事、赛场组织单位严格按规定的时间和本规则，做好赛场准备工作。

（2）理论知识赛场按照组别设置，每个赛场按照单人单座单排列要求摆放和编号。要求赛场的采光、通风良好，卫生整洁。

（3）实际操作赛场应符合文明生产的要求，场内的设备、设施和编号应符合竞赛职业的特点与安全操作规范的要求。

（4）赛场入口处应有醒目的赛场编号、职业标志和座位（工位）的起止序号、考生守则、赛场纪律、考试时间及赛场说明；实际操作技能竞赛赛场内应设有安全文明生产操作规则，以及警告和禁止标志。

（5）赛场内必须保持安静，禁止吸烟、随地吐痰和高声喧哗，未经许可不得随意走动。

（6）参加考试的选手在进入考场时，手机必须由工作人员统一保管，否则取消参赛资格；待考选手在规定区域候考，考核完成的选手不得在考区逗留。

（7）实际操作赛场应配备相应数量的技术支持人员和设备管理人员。

（8）赛事、赛场组织单位需要在赛场准备参赛选手总数 10% 的备用比赛用机。

1.8 赛场组织

（1）在大赛组委会的领导下，组委会秘书处负责大赛组织协调工作。监审组设大赛专家评判委员会负责对大赛全过程进行监督，并受理各代表队和选手的申诉。

（2）成立决赛现场指挥部。设总指挥、副总指挥若干人（由大赛组委会成员组成）；总裁判长 1 人，评审组长、现场裁判长若干人；仲裁组长 2 人，仲裁人员若干人。总指挥为大赛最高领导，负责大赛全部领导工作，副总指挥协助总指挥工作。总裁判长负责全权处理赛场的竞赛、监考等有关竞赛技术工作，评审组长、现场裁判长协助总裁判长的工作。仲裁组长负责组织对监审组受理的大赛过程中各代表队和选手的申诉、争议进行裁决。

1.9 裁判纪律

（1）裁判员必须服从裁判长的领导，遵守裁判职业道德，文明裁判。

（2）裁判员必须佩戴裁判员胸牌，仪表整洁，举止文明礼貌，接受参赛人员的监督。

（3）保守大赛试题的秘密，严肃赛场纪律。

（4）严格遵守大赛的时间，不得擅自提前或延长。

（5）严格执行大赛规则，除应向参赛选手宣读竞赛须知外，不得向参赛选手暗示或解答与竞赛有关内容。按大赛有关规程、评分标准和评分细则进行评分，做到公平、公正、真实、准确。

（6）裁判员评分时不得相互商量，竞赛过程中如出现问题或异议，服从总裁判长的裁决，避免与参赛选手和有关人员发生争执。

（7）大赛组委会正式公布成绩和名次前，裁判员不得私自与参赛选手或代表队联系，不得透露有关情况。

（8）坚守岗位，不迟到早退，无特殊情况不得在竞赛期间请假。

1.10 申诉与仲裁

（1）参赛选手对不符合大赛规则规定的设备、检测、评判，以及工作人员的违规行为等，均可提出申诉。

（2）参赛选手申诉均须通过所在代表队领队，按照规定的时限以书面形式向监审组提出，由仲裁组进行裁决。

（3）仲裁组的裁决为最终裁决，参赛选手不得因申诉或对处理意见不服而停止竞赛，否则按弃权处理。

1.11 其他

（1）本规则为大赛决赛规则，初赛可参照此规则执行。

（2）本规则的最终解释权归大赛组委会。

第2章　竞赛技术方案及评判标准

2.1　技术描述及选手能力要求

目前，国家级职业技能竞赛中的平版印刷员工种考试项目是与世界技能大赛印刷媒体技术项目接轨的。印刷媒体技术技能指的是使用单张纸胶印机、数码印刷机和其他印前及印后设备来生产完成指定的印刷活件的能力。参赛选手须负责印刷完成一个商业印单的所有生产过程。

该技能要求选手具有丰富的理论知识及一定的实践经验，能够处理常见印刷问题、排除印刷故障，并对包括油墨、纸张、添加剂、机械设备、数码设备、印前及印后设备在内的生产要素具备操作及控制能力、具备常规的设备维护及保养能力，以及添加剂的辨识和应用能力。通常印刷品的生产是使用传统的胶印工艺，然而越来越多的印刷商使用（碳粉）数码印刷技术进行少量的和可变数据的印刷。

印刷项目选手同时需要具备对印刷色彩的认知及调配专色墨的技能，按照工单要求生产合格的印刷产品。电子文档必须以正确的格式保存，以保证在印刷过程中实现无缝对接的流水作业。质量控制仪器将被用于检测印刷品质量和监控印刷生产进程。

2.2　选手须知

2.2.1　选手参赛重要须知

（1）了解在印刷过程中，不同环境因素对平版胶印结果的影响。

（2）了解平版胶印印刷材料，包括纸张、油墨、润版液、打样材料的特性及其相互作用。除此之外，还须具备正确处理化学药水及清洗剂的知识。

（3）在印刷准备和生产中从印张上要充分诠释对色彩原理知识的理解，并将其用于印刷机操作上。

2.2.2　选手竞赛能力要求

（1）在单张纸平版胶印机上印刷指定数量的印刷品，印刷过程应遵循竞赛规则规定的质量要求或行业标准。

（2）在使用印刷机控制台的情况下，于多色单张纸平板胶印机上进行四色产品印刷准备、印刷和调整。

（3）操作配备有半自动上版的多色印刷机的能力。

（4）有一定的印刷设备维护保养能力。

（5）具备一定的印刷色彩基础知识。

（6）专色油墨调配能力。

（7）印刷品质量控制仪器应用能力。

（8）印刷模拟软件 SHOTS 应用能力。

（9）具有印版质量分析仪器应用能力。

2.2.3 清洁

（1）清洁各考核模块的设备和场地。

（2）清洁工作必须在指定时间内完成（时长在竞赛流程里说明）。

（3）清洁工作（内容在竞赛流程里说明）必须按指定标准完成。

2.2.4 材料、测量仪器、胶印工艺相关技能

（1）对胶印印刷所用材料（如纸张、油墨、喷粉等）的掌握和运用能力。

（2）操作测量和印刷质量控制仪器（如密度仪、分光光度仪、印版测量仪等）。

（3）常规工具的应用，如千分尺、游标卡尺、pH 计、导电度计、橡皮布筒径仪、橡胶硬度计、扭力扳手等。

（4）展示对胶印基础知识的了解及对印刷设备常识性维护保养的技能。

2.2.5 安全和环保规范

（1）如何在印刷过程中以安全方式工作。

（2）使用适当的防护装置和材料。

（3）如何保持清洁。

（4）以妥当方式处理化学物质和废料。

2.2.6 实操工作

（1）按照考核要求或行业质量技术标准（如 ISO12647-2 或指定的其他标准），通过胶印方式生产指定数量的印刷产品（数量暂定为学生组 500 张白纸，职工组 400 张白纸）。

（2）按照专家在讨论会上所确认的标准及成品数量生产。

（3）印刷任务必须在规定时间内完成。

（4）在生产过程中控制质量；达到所需的质量要求并报告任务准备就绪。

（5）在胶印和清洁维护工序结束后，清洗设备和场地。

（6）清洁工作应在指定时间内完成。

2.3　竞赛模块组成及竞赛流程

2.3.1　理论基础知识

理论基础知识包括彩色复制原理、色彩、平版印刷员工艺原理、胶印机结构工作原理及性能、印刷材料与适性，印刷质量检测等内容。

1. 职工组

职工组的理论知识分别以竞赛各工种的国家职业标准技师标准为基础，以考核大纲为补充，以笔试形式进行。

2. 职工组理论竞赛样题

* 单项选择题

1. 胶印使用的传统阳图 PS 版其版面形状略微呈哪一种形？（B）

A. 平凹形　　B. 平凸形

C. 平形　　D. 凹形

2. 胶印传统 PS 版的空白部分具有（C）油墨的能力。

A. 选择吸附　　B. 自发吸附

C. 排斥　　D. 吸附与排斥

3. 油墨的表面张力（B）润湿液的表面张力。

A. 高于　　B. 低于

C. 等于

4. 在胶印润湿液中减少或不用酒精（异丙醇）是（C）的重要措施。

A. 降低生产成本　　B. 保持水墨平衡

C. 保护生态环境　　D. 加快油墨干燥

5. 无水胶印版的空白部分由（B）构成。

A. 聚合物　　B. 硅胶

C. 铬层　　D. 砂目

6. 在下列的颜色特征中，其中（A）是其最主要的特征。

A. 色相　　B. 明度

C. 饱和度　　D. 灰度

7. 红光 + 绿光 + 蓝光 =（B）。

A. 青光　　B. 白光

C. 黄光　　D. 黑光

8. 色是（A）刺激人的视觉器官后所产生的一种生理感觉。

A. 光　　B. 颜色

C. 颜料　　D. 波长

9. 印刷中无龟纹的网点是（B）。

A. 调幅网点　　B. 调频网点

C. 圆形点　　D. 链形点

10. 印刷色彩表示法中用哪种颜色模式表示比较符合人的视觉感受，让人觉得更加直观一些？（D）

A. RGB　　B. CMYK

C. Lab　　D. HSB

11. 印刷品中图像明度变化和阶调层次变化都是以什么表示的？（A）

A. 网点大小　　B. 网点形状

C. 网点角度　　D. 网线线数

12. 当某一颜色与其他颜色叠印时，能够得到较大范围的色相与比较纯的色光，则此颜色特性属哪种？（D）

A. 强度好　　B. 色差大

C. 灰度小　　D. 效率高

13. 包装产品的艺术性主要体现在哪个方面？（D）

A. 造型　　B. 平面设计

C. 版式组合　　D. 造型、平面设计

14. 人们对自然界中树叶绿色、天空蓝色等保持稳定色的概念，原因是（B）。

A. 物体存在　　B. 记忆色

C. 生活经验　　D. 视觉暂留

15. 彩色物体形成的颜色是由（C）所决定的。

A. 光谱的不同波长被等量吸收　　B. 光谱的不同波长全部被吸收

C. 光谱对不同波长的选择吸收　　D. 光谱的所有波长均未被吸收

16. 印刷设备诊断的判定标准用什么方法进行？（C）

A. 参考判定标准　　B. 参考，设定，质量判定标准

C. 绝对，相对，类比判定标准　　D. 设定判定标准

17. 通常墨斗刀片的倾斜角度为多少比较合适？（B）

A. 15°　　B. 30°

C. 45°　　D. 60°

18. 匀墨系数指的是下面哪一个？（D）

A. 所有墨辊面积之和与印版面积之比

B. 所有硬质墨辊面积之和与印版面积之比

C. 所有软质墨辊面积之和与印刷面积之比

D. 所有匀墨辊面积之和与印版面积之比

19. 贮墨系数过大，会出现下面哪种情况？（C）

A. 贮墨量快速稳定　　B. 下墨速度过快

C. 下墨速度过慢　　D. 有利墨量调节

20. 海德堡胶印机四根着墨辊给印版墨量的分配比例是多少？（B）

A. 40%、30%、20%、10%　　B. 44%、44%、8%、4%

C. 30%、30%、30%、10%

21. 橡皮布的平整度误差不得超过（A）。

A. 0.04mm　　B. 0.08mm

C. 0.10mm　　D. 0.15mm

22. 橡皮布长期使用后开始老化，其性能由（A），所以印出的网点不清晰，实地不平伏。

A. 高弹性转为黏弹性　　B. 黏弹性转为高弹性

C. 厚变薄　　D. 吸墨性弱转为吸墨性强

23. 油墨传递过程中，产生飞墨现象与油墨有关的是（C）。

A. 黏性　　B. 流动性

C. 黏度　　D. 饱和度

24. 纸张偏略碱性，对油墨有一定的（A）作用。

A. 催干　　B. 止干

C. 减黏　　D. 防乳化

25. 一般情况下，纸张含水量每变化 1%，纵向变形 0.025% ～ 0.05%，横向变形（A）。

A. 1%　　B. 2%

C. 3%　　D. 4%

26. 新闻出版行业标准规定，精细印刷品黄色的相对反差值为（B）。

A. 0.35 ～ 0.45　　B. 0.25 ～ 0.35

C. 0.20 ～ 0.30　　D. 0.30 ～ 0.40

27. 新闻出版署发布的平版印刷品质量要求及检验方法是哪一个？（D）

A. CY/T 3—1999　　B. CY/T 30—1999

C. CY/T 4—1999　　D. CY/T 5—1999

28. 观察印刷品使用的光源其色温度为（C）。

A. 4000K　　B. 5000K

C. 6500K　　D. 7000K

29. 同一颜色印刷品在色温 3800K 和 6500K 光源照射下观察会出现怎样的结果？（B）

A. 纯度不同　　B. 色相不同

C. 光泽不同　　D. 亮度不同

30. 反射密度仪适合测量（A）。

A. 实地密度　　B. 图文重影

C. 墨层厚度　　D. 油墨乳化

31. 劳动者素质是指（C）。

A. 文化程度　　B. 技术熟练程度

C. 职业道德素质与专业技能素质　　D. 思想觉悟

32. 当前解决好环境保护问题要坚持污染防治与（C）并重的原则。

A. 生态保护　　B. 节约资源

C. 废物利用　　D. 强化管理

33. 下列属于不可再生的能源是（A）。

A. 石油　　B. 水能

C. 风能　　D. 潮汐能

34. 无论是制版还是车间照明光源，应选择具有（C）的光源。

A. 连续光谱　　B. 混合光谱

C. 连续光谱或混合光谱　　D. 线状光谱

35. 我国印刷行业标准规定使用（A）光源作为观察反射样品的光源标准。

A. D65　　B. D50

C. D70　　D. D80

36. 铝箔纸在不易吸收油墨的同时，也显得不易吸收润湿液，为此，可在印版不挂脏的情况下（B）供液量。

A. 加大　　B. 尽量减少

C. 尽量加大　　D. 减少

37. 在平滑度高的纸张表面，印上湿油墨待其干燥后，墨色则（D）。

A. 变深　　B. 变浅

C. 不变　　D. 没有多大改变

38. 在无线胶订中应用最多的胶粘材料是（A）热熔胶。

A. 乙烯 - 醋酸乙烯共聚物热熔胶（EVA）

B. 聚氨酯热熔胶（PUR）

C. 乳胶（PVAC ）

D. 聚乙烯醇胶（PVA）

39. 递纸牙与前规有一段共同控纸时间。调节时，以递纸牙开始叼纸为起点，使滚筒转过约多少 mm ？（ D ）

A. 3 mm　　B. 5mm

C. 6mm　　D. 8mm

40. 调节印版滚筒的轴向套准系统是使（C）轴向位移来达到套准的。

A. 滚筒斜齿轮　　B. 偏心轴套　　C. 印版滚筒

*** 判断题**

1. 测控条放置在叼口和拖梢，其效果是一样的。（×）

2. 测控条的元素分为客观色彩元素和主观色彩元素，所有的测控条必须包含全部的控制元素。（×）

3. 有些测控条包括连续色调梯尺，用它来估计印版的曝光和显影。（√）

4. 采用无醇或少醇润湿液是保护生态环境的重要措施。　　（√）

5. 印刷质量是主要对原稿的复制再现性。（×）

6. 对印刷质量的评价首先要根据国家及行业的标准来衡量。（√）

7. 虽然印刷品的用途不同，但其质量要求是一样的。（×）

8. 印刷质量的评价方法分为主观与客观评价。（×）

9. 四色胶印机所使用的油墨，按照各机组滚筒的顺序，使油墨的黏度逐渐升高而进行印刷。（×）

10. 紫激光 CTP 版材，是用波长 800 ～ 1100nm 的紫激光成像的版材。（×）

11. 印刷适性是承印物、印刷油墨，以及其他材料与印刷条件相匹配适合于印刷作业的总性能。（√）

12. 气垫橡皮布是可压缩的，与实心橡皮布相比，受压力作用后其总变形量小，无凸包形成。（√）

13. 油墨的触变性越大，印迹深浅越易保持一致。（×）

14. 斜齿轮传动在开始接触和脱离时都会降低冲击，比直齿轮传动平稳，但承载能力小。（×）

15. 更换气动元件，首先考虑的是气压的大小。（×）

16. 印刷机前挡规可以改变印张叼口大小。（√）

17. 利用墨斗键开度与墨斗辊转幅，都可控制供墨量大小。（√）

18. 增加印版包衬厚度不会改变印迹长度。（×）

19. 增加橡皮滚筒对压印滚筒的压力不会改变对印版滚筒的压力。（√）

20. 从环保角度考虑，柔性版油墨应使用水性油墨。（√）

21. CTP 直接制版机由光学系统和机械系统两大部分构成。（×）

22. 经过多年发展，CTP 制版技术分为紫激光和热敏型两大类。（×）

23. 叠印率的数值越高，叠印效果越差。（×）

24. 润湿是指物体表面上的一种流体被另一种流体取代的过程。（√）

25. 平版印刷是利用油墨和水不相溶的原理，使油墨和水同时在印版上存在，并保持相互平衡，实现图文的正确转移。（×）

26. 色替代是指印刷时用灰色油墨印刷。（×）

27. 印刷品网点成色是利用了人眼的有限分辨率。（√）

28. 印刷品复制质量体现在对原稿的再现性及印刷品之间的一致性。（√）

29. 光泽是可见光在物体表面的反射所发生的光学现象。（√）

30. RGB 和 CMYK 空间所覆盖的颜色范围完全一致。（×）

31. 润版液的 pH 值越小，说明润湿液的酸性越强。（√）

32. 在胶印过程中，润版用水是一种非极性的液体，油是极性物质。（×）

33. CIP3 联盟是指国际上 15 家印前、印刷、印后制造供应商于 1995 年 2 月共同建立的国际性印刷研究与发展的组织。（√）

34. CIP3 实际上就是实现印前、印刷及印后一体化。（√）

35. 组合印刷是指两种或两种以上的不同印刷方式组合在一起，在线完成不同印刷甚至包括印后加工的印刷工艺，也就是一次走纸（或塑料薄膜等承印材料）完成多项印刷工艺及印后加工的印刷方式。（√）

36. 印刷滚筒离合压可以在任意的对应位置进行。（×）

37. 印刷滚筒叼口必须在合压点以前离合压。（√）

38. 递纸叼牙与滚筒叼牙交接位置是在递纸叼牙垫与滚筒叼牙垫间隙最小时进行。（√）

39. 印刷铝箔纸时，最好选择铝箔纸专用油墨。（√）

40. 一般印刷品的光泽都随承印物的吸收能力的增加而增强。（×）

*** 多项选择题**

1. 胶印产生条痕故障的主要原因是由（A、B、C、D）引起的。

A. 齿轮磨损　　B. 离让值较大

C. 压力调节不当　　D. 水墨辊调节不当

E. 橡皮布老化变硬

2. 下列因素对产品质量的控制发挥着作用的有（A、B、C、D）。

A. 设备因素　　B. 管理因素

C. 员工素质因素　　D. 原辅材料因素

E. 包装及运输因素

3. 检查印版图文包括：网点质量、规格尺寸（B、D）。

A. 网点角度　　B. 规矩线、色标　　C. 线数

D. 图文深浅　　E. 感光层厚度

4. 我国常用的三原色油墨是（D、E、F）。

A. 柠檬黄　　B. 深红　　C. 中蓝

D. 黄　　E. 品红　　F. 青色

5. 油墨的物理性能包括（A、B、C、D）。

A. 比重　　B. 流变性　　C. 渗透性　　D. 转移性

6. UV 磨砂油墨常用于（B、C、D）。

A. 胶印　　B. 凹印

C. 丝网印　　D. 柔印

7. 润滑剂对胶印机有（A、C）的作用。

A. 降低摩擦系数，提高机器使用寿命

B. 降低摩擦系数，有利于加速运转

C. 有助于散热

D. 降低噪声

8. 一般胶印机的着墨辊都是前两根着墨率（B），后两根着墨辊着墨率（A）。比如海德堡胶印机 4 根着墨辊的着墨率依次是：(E)。

A. 低　　B. 高

C. 40%、25%、25%、10%　　D. 40%、30%、15%、15%

E. 44%、44%、8%、4%

9. 决定水墨平衡要顾及三种压力，除墨辊压力外，还有两种为（A、C）。

A. 印版、橡皮布滚筒压力　　B. 橡皮布滚筒压力

C. 水辊压力　　D. 压印滚筒压力

E. 滚枕间的压力

10. 墨辊供水式（水墨合一）润湿装置与传统供版式润湿装置相比，具有（A、D）优点。

A. 反应灵敏度高　　B. 油墨不会乳化

C. 润湿液 pH 值稳定　　D. 用水量小

11. 胶印机安全技术操作规程主要包括（A、B、C）。

A. 着装安全　　B. 操作安全

C. 擦机安全　　D. 修机安全

12. 胶印机定期检查主要包括（A、B、D）。

A. 电器检查　　B. 润滑检查

C. 运行状况检查　　D. 易损件检查

13. 润滑材料除了具有润滑效果外，同时还具有（A、B、C、D）。

A. 冷却效果　　B. 应力分散效果

C. 防尘效果　　D. 防锈效果

14. 印版色别常用的鉴别是（A、B、C）。

A. 标注法　　B. 网点角度鉴别

C. 图文色调深浅

15. 胶印中选择性吸附主要表现在（A、D）方面。

A. 印版　　B. 橡皮布

C. 水辊　　D. 墨辊

16. 在胶印过程中，润湿是指印版表面的气体被（A、B）取代的过程。

A. 润版液　　B. 油墨

C. 树胶　　D. 色散力

17. CTP 计算机直接制版技术已被广泛应用，目前 CTP 版材品种很多，除广泛应用的热敏型外，主要还有（B、C、D）。

A. UV 型　　B. 银盐扩散型

C. 免处理型　　D. 紫激光型

E. 喷墨型

18. 压印滚筒叼纸牙的咬力必须调到（C）。传纸滚筒叼牙咬力为（E）。

A. 3 ～ 5kg　　B. 5 ～ 6kg

C. 8 ～ 9kg　　D. 10 ～ 12kg

E. 6 ～ 7kg

19. 阳图型无水胶印版的版基是由铝基构成的，其他的结构层有：（A、D、E、F）。

A. 底涂层　　B. 氧化层

C. 聚合物层　　D. 感光树脂层

E. 硅胶层　　F. 覆盖层

20. 两色光混合呈白光，这两种色光分别是（C、D）。

A. 红与黄　　B. 青与橙

C. 黄与蓝　　D. 青与红

E. 蓝与品红

3. 学生组

学生组的理论知识分别以竞赛各工种的国家职业标准高级工标准为基础，以考核大纲为补充，以笔试形式进行。

4. 学生组理论竞赛样题

* 单项选择题

1. 平版印刷的三大原理是（B）。

A. 印刷压力、水墨平衡和套印呈色原理

B. 油水不相混溶、选择性吸收和网点成像原理

C. 油水不相混溶、印刷压力和水墨平衡原理

D. 间接印刷、先水后墨和灰色平衡原理

2. 平印给印版表面涂覆油墨和水的先后次序是（A）。

A. 先水后墨　　B. 先墨后水

C. 水墨同时　　D. A 或 B 皆可

3. 胶印过程中对于（C）的乳化非但不可避免，而且还是必要的。

A. 水包油　　B. 油包水

C. 油水相混溶　　D. 油水分离

4. 印版上水膜厚度与墨膜厚度的比值约为（D）。

A. 2 : 1　　B. 1 : 4

C. 3 : 1　　D. 1 : 3

5. 胶印水 / 墨平衡是指（A）的水 / 墨平衡。

A. 乳化后　　B. 乳化前

C. 水 / 墨互不浸润　　D. 水 / 墨量相等

6. CMYK 表色法是减色表色模式，遵循色料混合规律。C、M、Y、K 表示印刷中的（B）四种原色。

A. 红、绿、蓝、黄　　B. 青、品红、黄、黑

C. 中黄、桃红、天蓝、黑　　D. 深黄、大红、黑、中蓝

7. 印刷灰平衡是由三原色网点不同的百分比阶调值构成的，其中哪一个原色的百分比阶调值大于其他两个原色的百分比？（B）

A. 黄　　B. 青　　C. 品红

8. 下列哪种颜色属于三原色之一？（C）

A. 深红　B. 黑色　C. 品红　D. 天蓝

9. 色光三原色是（A）。

A. 红光、绿光、蓝光　B. 红光、黄光、青光

C. 青光、蓝光、绿光　D. 黄光、绿光、红光

10. 色料三原色是（B）。

A. 黄色、红色、蓝色　B. 黄色、品红色、青色

C. 黑色、红色、绿色　D. 黄色、绿色、红色

11. 色料减色混合中，将青色油墨、黄色油墨、品红色油墨混合后呈现什么颜色？（A）

A. 黑色　B. 紫色

C. 红紫色　D. 蓝紫色

12. 目前平版印刷中使用较普遍的网点是哪种？（C）

A. 混合加网　B. 调频网点

C. 调幅网点　D. 精细加网

13. 在同一条件下 60 线 /cm 比 50 线 /cm 印刷时网点增大情况如何？（A）

A. 多　B. 一样

C. 略少　D. 少

14. 80 线 /cm 网点线数适合印刷什么产品？（B）

A. 招贴画　B. 画册

C. 年画　D. 挂历

15. 圆形网点在哪个阶调印刷中网点增大较小？（C）

A. 高调　B. 高光

C. 中间调及中间调以下　D. 暗调

16. 通常墨斗刀片与墨斗辊之间的间隙调整为多少较为合适？（B）

A. 0.10 ～ 0.20mm　B. 0.30 ～ 0.50mm

C. 0.50 ～ 0.70mm　D. 1mm

17. 印刷滚筒离合压的实质是改变了什么？（A）

A. 滚筒中心距　B. 滚筒相对位置

C. 齿轮位置　D. 错位

18. 印刷滚筒离合压必须在规定的对应位置，即离合压时间要求必须符合什么情况下才能进行？（B）

A. 在印刷滚筒叼口过了合压点　　B. 在印刷滚筒空当相对时

C. 在印刷滚筒叼口　　D. 在印刷滚筒拖梢

19. 印刷滚筒离合压时间取决于什么情况？（D）

A. 离合压指令时间　　B. 离合压位置

C. 滚筒相对位置　　D. 离合压指令时间和离合压位置

20. 硬性衬垫压缩变形量一般为多少？（C）

A. 0.02 ～ 0.04mm　　B. 0.03 ～ 0.06mm

C. 0.04 ～ 0.08mm　　D. 0.4 ～ 0.8mm

21. 按《图书和杂志开本尺寸及其幅面尺寸》国家标准，A4 系列的全张纸常用的尺寸为下列哪一个？（B）

A. 787mm×1092mm　　B. 890mm×1240mm

C. 1000mm×1400mm　　D. 900mm×1280mm

22. 在同一承印物表面，光泽度高的油墨在印刷品上呈现怎样的结果？（D）

A. 纯度高　　B. 色相差

C. 阶调差　　D. 亮度大

23. 非涂料纸表面的吸收能力与涂料纸表面的吸收能力呈现怎样状况？（A）

A. 强　　B. 弱

C. 一样　　D. 较弱

24. 纸张的吸墨性越大，干、湿墨之间的密度值变化如何？（B）

A. 小　　B. 大

C. 一样　　D. 略小

25. 气垫橡皮布大多为四层结构，微孔气垫层处于（C）层。

A. 表面　　B. 第二层

C. 第三层　　D. 最底层

26. 在同一条件印刷下，浅色墨变化量与深色墨变化量相比，变化如何？（A）

A. 小　　B. 大

C. 一样　　D. 略大

27. GB/T 7705 平版装潢印刷品国家标准中规定，4 开以下一般裁切成品误差为多少？（C）

A. ±0.1mm　　B. ±0.50 mm

C. ±1.0 mm　　D. ±2.0 mm

28. GB/T 7705 平版装潢印刷品国家标准中规定，32 开以下精细模切成品误差为多少？（D）

A. ±2.0 mm　　B. ±1.0mm

C. ±0.8mm　　D. ±0.40mm

29. CY/T 5—1999 中规定，同批产品不同印张的实地密度允许青色误差为多少？（B）

A. 小于等于 0.10　　B. 小于等于 0.15

C. 小于等于 0.20　　D. 小于等于 0.30

30. CY/T 5—1999 中规定，精细印刷品的品红密度值为多少？（A）

A. 1.25 ～ 1.50　　B. 0.85 ～ 1.10

C. 1.40 ～ 1.70　　D. 1.30 ～ 1.55

31. 职业道德的核心是（C）。

A. 互相尊重　　B. 下级服从上级

C. 为人民服务　　D. 遵纪守法

32. 我国印刷业环境标志产品技术要求标准是（A）。

A.《环境标志产品技术要求 印刷 第 1 部分：平版印刷》

B.《环境标志产品技术要求 胶印油墨》

C.《环境标志产品技术要求 凹印油墨和柔印油墨》

D.《ISO 14001 环境管理体系》标准

33. 提倡使用无毒无害的洗车水，主要是为了（D）。

A. 节约成本　　B. 安全

C. 减少辅助时间　　D. 环保低碳

34. 单张纸胶印阶调值总和小于或等于（ D ）。

A. 250%　　B. 280%

C. 300%　　D. 350%

35. 印刷时，发现印刷品部分图文墨色太淡，可能为下列何种原因造成？（D）。

A. 版面水量过多　　B. 给墨量不足

C. 印刷压力不足　　D. 以上皆可能

36. 根据国家标准纸张幅面来确定的 A4 尺寸是（B）。

A. 148 mm×210mm　　B. 210mm×297 mm

C. 420 mm×297mm　　D. 150 mm×210mm

37. 油墨的透明度取决于油墨中（A）折射率的差值，并与颜料的分散度有关。

A. 颜料与连接料　　B. 填料与连接料

C. 颜料与填料　　D. 颜料与助剂

38. 观察印刷品时，观察角度与印刷品表面法线呈多少度夹角？（C）

A. 15º　　B. 30º

C. 45º　　D. 90º

39. 螺旋测微计可以用来测量（D）。

A. 印版厚度　　B. 橡皮布厚度

C. 纸张厚度　　D. 以上皆是

40. 滚枕（肩铁）接触型印刷机应多久清洗滚枕一次？（D）

A. 每周　　B. 每天

C. 每班　　D. 随时保持清洁

*判断题

1. 印刷品质量的主观评价是定量的质量标准，客观评价是定性的质量标准。（×）

2. 叠印率可以检测多色机在彩色复制中的还原性。（√）

3. 印刷品的反射密度值大小取决于网点面积和墨层厚度以及纸张的光泽特性。（√）

4. 对印刷品的客观评价是运用适当的检测手段，对印刷品的各个质量特征进行测量，并用数据来表示。（√）

5. 安全生产责任制是根据管安全的必须管生产的原则。（×）

6. 印刷质量评价方法分为主观评价和综合评价两个方面。（×）

7. 密度计只能测定印刷品实地密度值。（×）

8. 分光光度计只能测量颜色表面的光谱。（×）

9. 在实际工作中油墨的颜色通常用刮样鉴定。（√）

10. 印刷机速度越快，所用的纸张抗张强度应越大。（√）

11. 对油墨颜色的影响主要是承印物的颜色。（×）

12. 在印刷品上形成的墨膜厚度不同对光线的反射率也有所不同。（√）

13. 润湿液的浓度变化与其电导率变化存在一种线性关系，即浓度越大，电导率越小。（×）

14. 铝箔纸的表面强度一般都较低。（×）

15. 墨辊直径磨损与表面磨平不会影响墨容量。（×）

16. 喷粉是在没有办法解决背面蹭脏的情况下才使用的方法。（√）

17. 多色印刷机之前挡规是无法控制各色间之套印规矩。（√）

18. 在三滚筒型、卫星型卷筒纸胶印机中，橡皮滚筒只起转印的作用。而在 B-B 式卷筒纸胶印机中，橡皮滚筒只起压印作用。（×）

19. 重影是胶印故障，按照重影的方向，通常分为左右侧重影、纵向重影、横向重影和上下重影。（×）

20. 卷筒纸胶印机的压印滚筒结构与单张纸胶印机相同。（×）

21. 胶印油墨乳化不仅是不可避免的，而且是胶印油墨传递所需要的，绝对不乳化的油墨是不能用于胶印印刷的。（√）

22. 喷粉量过大，对印品表面加工质量有影响。（√）

23. 数字技术能实现按需、即时、个性化、远程印刷的需求。（√）

24.CTP 技术已广泛应用于平版印刷、凹版印刷及柔性版印刷。（√）

25. 调频网点，其大小仅相当于调幅加网时 175 线 / 英寸 1% 的网点大小。在细节的表现力上超过调幅网 600 线 / 英寸所能达到的效果，因此采用 CTP 技术印刷是最佳的选择方式。（×）

26. 一般印刷胶版纸所用的印版，要比印刷铜版纸时所用的印版图文应深一些。（×）

27. 调频网点是有规则的排列。（×）

28. 调频网点在晒版及印刷中，网点不易丢失。（×）

29. 黄色光其波长为 580mm，该色光是复色光。（×）

30. 色替代是指印刷时用灰色油墨印刷。（×）

31. 网点面积的增大与网点边缘的总长度成正比。（√）

32. 卷筒纸胶印机所使用的油墨均为渗透干燥型油墨。（×）

33. JDF 架起了印刷生产与信息管理系统（MIS）间通信的桥梁。此功能可实现作业和设备的实时跟踪，以及在印前和印后的活件计算。从活件开始到结束，JDF 携带一个印刷活件，它详细描述了设计创意、印前、印刷、印后和交货工序的信息。（√）

34. CTP 印版仍需要底片来晒版。（×）

35. 胶印机印刷密度通常不受速度的影响。（×）

36. 刮刀 + 网纹辊式上光系统，光油量不受印刷速度影响。（√）

37. 联机上光是将上光机组连接在印刷机组之间组成整套印刷上光设备。（×）

38. 墨层越厚，吸收光亮越多，其反射率越大。（×）

39. 在同一条件下印刷，用铜版纸印刷的相对反差值比用胶版纸印刷的相对反差值要小。（×）

40. 输墨性能指标主要包括静态指标和动态指标。（√）

41. 动态指标主要包括匀墨系数、贮墨系数、打墨系数和着墨率。（×）

42. 静态指标主要包括系统响应时间和系统稳定时间。（×）

*** 多项选择题**

1. 卷筒纸胶印机与单张纸胶印机相比，其组成部分中没有（B、D）。

A. 输纸装置　　B. 定位装置

C. 输水与输墨装置　　D. 递纸装置

E. 印刷装置　　F. 收纸装置

2. 印刷复制产品的外观质量要求是（A、C）。

A. 版面干净，无脏迹　　B. 网点清晰，角度正确

C. 文字完整，清楚，位置准　　D. 颜色要符合付印样

E. 网点增大率小

3. 包装胶印产品的理化测试的项目有（A、B、C、D）。

A. 套印　　B. 墨层光泽度

C. 实地密度　　D. 小网点再现率

E. 50% 网点增大值

4. （A、B）是描述物体表面状态的物理量。

A. 表面强度　　B. 表面张力

C. 表面过剩　　D. 表面引力

5. 冲淡剂可以将油墨调浅，常用的冲淡剂有（A、B）。

A. 白墨　　B. 撤淡剂

C. 白油　　D. 透明油

6. 有机颜色料中主要包括（B、C、D）。

A. 金属颜料　　B. 偶氮颜料

C. 酞菁颜料　　D. 色淀性颜料

7. 弹簧在胶印机中的作用是（A、B、C、D）。

A. 控制运动　　B. 缓冲和吸振

C. 储存能量　　D. 调节力的大小

8. 按印刷滚筒排列角度划分，三个滚筒排列方式有（ B、C ）等形式。

A. 2 点钟排列　　B. 5 点钟排列

C. 7 点钟排列　　D. 9 点钟排列

9. 在印刷机械中常采用（A、B、C、D）等机械零件组成传动装置进行能量的传递。

A. 皮带　　B. 轴

C. 齿轮　　D. 链轮

10. 无轴传动是卷筒纸和单张纸胶印机的一项革命性的传动技术，其主要特点是（B、C、D、E ）。

A. 减少操作人员　　B. 胶印机各单元可独立驱动

C. 机械部件相互独立，有利于故障排除　　D. 省略大量的传动部件

E. 便于实现计算机操纵台远程控制　　F. 简化机械结构

11. 冷固型卷筒纸胶印油墨适合与（A、E）等纸张匹配使用。

A. 新闻纸　　B. 轻涂纸

C. 单面铜版纸　　D. 双面铜版纸

E. 胶印书刊纸

12. 海德堡 CP 2000 控制系统具有下列哪些特点？（ B、D、E）

A. 减少胶印机操作人员　　B. 触摸屏操作，可预置作业信息

C. 节省油墨用量　　D. 可选配印前接口

E. 加快供墨单元反应，智能化预润版　　F. 提高套印精度

13. 现代化胶印机的远程故障诊断系统主要包括（B、D）技术。

A. 印刷设备遥控技术　　B. 印刷设备状态监测技术

C. 印刷设备自动化技术　　D. 印刷设备故障诊断技术

14. 实行设备状态监测与状态维修的优点是有（A、C、D、E）。

A. 减少因机械故障引起的损失　　B. 提高设备安全性

C. 增加设备运转时间　　D. 减少维修时间

E. 提高生产效率和产品质量　　F. 降低设备维修成本

15. 油的表面张力比水的表面张力小，其主要原因是油分子之间没有（B、C）。

A. 色散力　　B. 取向力

C. 诱导力　　D. 黏附力

16. 用于胶印的淡红、淡蓝、淡灰墨，主要补充（A、B、C）的色调和层次。

A. 黄版　　B. 品红版

C. 青版　　D. 黑版

17. CTP 技术的工作方式有（A、B、C）。

A. 内鼓式　　B. 外鼓式

C. 平台式　　D. 联动式

18. 胶印中的选择性吸附主要表现在（A、B、D）方面。

A. 印版　　B. 橡皮布

C. 水辊　　D. 墨辊

19. 产生胶印条痕故障的主要原因是由胶印机（A、B、C、D）引起的。

A. 齿轮磨损　　B. 离让值较大

C. 压力调节不当　　D. 水墨辊调节不当

20. 中性灰色用网点表示方式为（A、B）。

A. 黑 100%　　B. 青 75%、品红 60%、黄 62%

C. 青 75%、品红 60%　　D. 黄 60%、品红 62%

E. 青 75%、品红 60%、黑 20%

2.3.2 实际操作

1. 职工组

（1）产品印刷及水辊调节

（印刷＋水辊设定＋清洁）（上机印刷前选手须检查及调节水斗辊→计量辊、计量辊→靠版水辊、靠版水辊→印版间的压力），分值细节见评分表格，满分为 100 分，权重在实操比赛中占 70%。

①考核要点及选手能力要求

考核要点包括印刷任务准备能力、纸张处理能力、胶印水 / 墨控制能力、印刷品质量评判能力、生产时间控制能力。

选手能力要求包括印刷用纸张的处理能力（理纸、装纸、输纸及收纸）、了解胶印过程原理 、理解胶印压力产生的原理及设定、熟悉胶印机的特点及功能、能熟练操作印刷机控制系统、有一定的判断及解决印刷故障的能力、具有环保意识、能使用通用印刷品质量测量及控制仪器。

②竞赛条件

考核题型：实操印刷完成一个四色商业或包装活件（四色印版由组织方提供）。

设备要求：传统四色胶印机一台（决赛机型示例：海德堡 XL75-4，小森 S429 四色印刷机，海德堡 SM52-4）。

印刷材料及工具包括：放大镜一个（选手可自带）、直尺一把、印品测量仪器一台、四色数码样一张、千分尺一把、手电筒一只、计时器一个、已裁切至印刷要求规格的 105 克双面铜版纸 300 张（其中 100 张作为校色及套准用纸）、已制作好的四色印版一套、四色油墨一套、已配置好的润版液、喷粉、洁版液、海绵及抹布若干、洗车水、记录笔一支。

③竞赛流程

a. 选手上机应考前，工作人员将飞达及收纸装置、印刷机墨键、水位、套准、印刷压力、预润版、预打墨、喷粉复位归零、橡皮布清洗干净，打乱第四组印刷机水辊。

b. 工作完成后，选手须完成设备清洁，包括水墨辊、橡皮布及周边环境。

c. 选手自行设定计数器，装纸，调整飞达、输纸、收纸，第四组水辊，放墨，装版，印刷机设置，水 / 墨及套准调节并使用扫描密度计扫描印张的控制条，直至抽出合格的自选样。

d. 最终成品数量要求 200 张：总共提供 300 张 105 克双面铜版纸（100 张准备印刷用，过程中不提供其他过版纸）；OK 样由选手自行确定并提交，但必须在 100 张校准用纸中提供；OK 样分值权重占颜色评判权重 40%，其余两张各占 30%（幅面：HD SM52-4：520mm×360mm，每色 14 个色块评分；HDXL75-4 及小森 S429：700mm×520 mm，每色 21 个色块评分）。

e. 选手提交 OK 样后，需连续印刷完规定数量的成品 200 张，中途停机扣除相应的分数。

f. 正式印刷过程中，每隔 90 张左右抽选一张；2 张成品连同 OK 样共 3 张印品作为评分试卷。

g. 成品数量及时间控制：时间用完即停止一切操作，最终成绩由规定时间内所完成项目累加得出。

h. 有可能造成设备事故或人身安全事故时，裁判员应立即中止比赛。

i. 如选手操作不熟练导致比赛无法进行，裁判员应中止比赛。

④评判标准

a. 套印准确：（分值 10 分）

* 用 OK 样的中间十字套准线为检测项目

* 用 Techkon iRegister 软件测量套准精度

* 各色套准误差绝对值之和≤ 0.20mm 得 10 分

* 0.20mm ≤误差绝对值之和＜ 0.25mm 得 5 分

* 误差绝对值之和≥ 0.25mm 得 0 分

* 单个颜色套印误差超过 0.08mm 得 0 分

b. 成品数量及时间控制：（分值 6 分）

* 在规定时间内完成竞赛得 3 分

* 成品数量达标得 3 分

c. 墨色要求：（分值 74 分）

* 评分以四色墨密度值为依据

* 每个印刷样张上事先设置测量控制条（其中 HD SM52-4 每色 14 个实地色块，每个色块 5.3 分，共三张测量样品，HD XL75-4 及小森 S429 每色 21 个实地色

块，每个色块 3.5 分，OK 样品分值权重 40%, 另外两张提交样分值权重各占 30%）

* 参考印刷目标密度：C：1.xx±0.08；M：1.xx±0.08；Y：1.xx±0.08；K：1.xx±0.10（现场提供的数码样仅作为参考，不作为评分依据，测量条件：D50/2°，E 响应方式，密度基准白为基于纸张）

* 选手得分由已设置好的参数（四色实地密度）的 Techkon SpectroDrive 或爱色丽 Intellitrax2 扫描密度计测量湿密度并计算得出

d. 印刷品外观质量控制：（分值 10 分）

要求提交的大货样不允许出现图文区域内的干版。大货样中如果出现图文区域干版，每张印张扣 5 分。

（2）印刷故障排除 SHOTS（满分为 100 分，权重 5%）

①考核要点及选手能力要求

考核要点包括熟悉印刷生产流程、熟悉印刷生产准备、熟悉印刷品质量衡量标准、生产时间控制。

选手能力要求包括熟练掌握 SHOTS 软件原理及特点、了解 SHOTS 软件功能、有丰富的印刷实践生产经验、了解印刷生产成本组成、理解印刷生产时间即是生产成本、熟悉印刷产品质量控制要点。

②竞赛条件

考核题型：已设置好的三道模拟印刷试题，每道题目中包含 2 个印刷弊病。试题中的印刷弊病共有 10 类，名称如下：干版，水大，套印不准，拉毛，背面粘脏，橡皮布压力不均匀，橡皮布压力不足，印刷色序错误，墨杠，咬口不平。

注意事项：

* 登录 DLMS 系统，正确打开比赛试题

* 正确解决印刷故障

* 裁判最多可以提示一次

* 不能主观重启软件（软件问题除外）

* 时间用完即停止任何操作

* 以三道题目的累加分评判考核结果

设备要求：一台预装了 SHOTS 及设置了三十道试题的电脑。

材料及工具：无须任何材料及工具。

③竞赛流程

a. 选手随机抽选三道题目作为考题。

b. 按照 A、B、C 的题目顺序应考。

c. 考试时间用完即停止操作。

d. 成绩以所完成的项目累加得出。

e. 裁判录入成绩并由选手签字确认。

④评分标准

a.A 题型分值权重 30 分；B 题型分值权重 30 分；C 题型分值权重 40 分。

b. 评分以每一题型的是否正确完成为评判依据。

c. 每道题目如果完成，则获得对应题目的分数；如未完成，则记为 0 分。

d. 选手的该项目的最终分数由 3 道考题的得分累加获得。

（3）复色墨调配（满分为 100 分，权重 10%）

①考核要点及选手能力要求

考核要点：

a. 判断专色油墨的成分；

b. 色彩学基础知识；

c. 对观色条件的认知；

d. 能使用通用颜色质量测量及控制仪器；

e. 利用颜色测量仪器辨别色彩；

f. 了解墨膜厚度对色彩呈现的影响；

g. 应用 CIE LAB 及 LCH 色彩空间；

h. 色差描述方式；

i. 专色墨调墨规范；

j. 对环境保护的认知及执行；

k. 竞赛时间控制。

选手能力要求：

a. 熟悉油墨颜色呈色原理；

b. 手工展墨技巧；

c. 颜色测量仪器应用能力；

d. 判断专色墨原墨成分的能力；

e. 了解同一油墨在不同的纸张上会呈现不同的颜色；

f. 了解专色墨在不同墨层厚度下呈现不同的视觉效果。

②竞赛条件

a. 考核题型：规定时间内调配一款 200 克以内专色油墨（专色样品及调墨工具由组织方提供）。

b. 设备要求：

油墨展色仪 IGT C1-5 一台，IGT 注墨器一支；

烘干设备一套；

至少小数点后两位以上精度的电子秤一台；

爱色丽 eXact 标准版分光密度计一台。

c. 材料及工具包括：

预先调配好的专色样（四）份；

四色墨一套 +（O 橙 ,G 绿，V 紫）+ 冲淡；

冲淡剂一罐；

小型调墨刀 10 把；

20cm×20cm 玻璃两块；

与色样一致的打样纸条若干；

适合展色仪展色尺寸的、与色样纸张一致的纸张若干；

油墨定量仪一只；

白电油若干；

手工展色用的塑胶手套若干；

抹布若干；

记录笔一支；

D50 光源灯箱一套；

计时器一个。

③竞赛流程

a. 选手随机抽选四个专色样中的一个作为竞赛试题。

b. 选手根据施工单要求设定测量仪器的测量条件。

c. 选手在规定的时间内用现场的材料调配出该一款专色墨（每款专色墨要求 200 克以内，包括废墨）。

d. 完成后将所调专色墨提交给现场工作人员展色，同时提供配方，选手依据自己的配方再调一份 50 克以内的样品并提交给现场工作人员进行展色（分值权重 5/5）。

e. 当值裁判记录数据结果。

f. 选手需清洁工作台面（展色仪由工作人员清洁）。

g. 选手最后在展色样张及结果记录表上签名。

④评分标准

a. 评分以选手调配色样的色度与选手抽取的色样色度进行比较。

b. 色彩分值 90 分，工作区清洁分值占 10 分。

c. 展色墨膜厚度在 0.70 ~ 1.30μm。

d. 所调专色墨数量超出 ±10g 的范围，该项目扣除 20 分。

e. 按色差 ΔE00 的大小进行评分（色差值最小的样品作为竞赛结果）。

f. 色差评分标准为：总分（90 分）。

ΔE00 ≤ 2.0，得 90 分；

2.0 < ΔE00 ≤ 2.5，得 80 分；

2.5 < ΔE00 ≤ 3.0，得 70 分；

3.0 < ΔE00 ≤ 3.5，得 40 分；

3.5 < ΔE00 ≤ 4.0，得 20 分；

ΔE00 > 4.0，得 0 分。

注：ΔE00 符合 ISO 12647-2：2013 以后的要求。而 ΔECMC 是因联邦染色师和配色师协会针对服装专色配色的色彩公式。

* 工作区域清洁标准：总分 10 分（工作区域、台面、墨刀、废弃物处理、溶剂瓶的清洁各占 2.5 分）

* 测量条件：爱色丽 eXact 标准版分光密度计，D50/2°，E 响应，ΔE00 测量公式，M0 模式。如出现评分时由于选手测量条件设置错误导致的色差与选手自测不一致的情况，后果由选手负责

（4）印品质量鉴别及印刷工艺判断（20 分钟，满分为 100 分，权重 15%）

①考核要点及选手能力要求

考核要点：

* 印刷网点概念（测量半色调，印版 / 印品）

* 印刷阶调的概念

* 印刷工艺

* 印版：印版测量（ICPlate II）印版内容：印版控制条（颜色 / 网线 / 网角 / 网型）

* 印品：网点面积 / 密度（测量条件设定）

* 印刷工艺判断：提供印刷样张，判断印刷工艺

选手能力要求：

* 熟悉印前制版过程中的网点控制

* 了解网点扩大的原因和控制方法

* 了解印刷阶调控制对印刷品质量的意义

* 熟练运用常规测量工具

②竞赛条件

考核题型（在规定时间内完成试题要求的印版和印品质量检查内容）：

* 使用印版测量仪测量指定的印版参数

* 使用分光密度计测量印刷品的测控条

* 计算指定网点面积区域的网点扩大值，指出对印刷品质量的影响，并写明产生的原因

* 依据印刷品制定印刷工艺

* 正确清洁工具及工作环境

材料及工具：

* 预先准备好的成品印张和印版

* Techkon SpectroPlate 或爱色丽 iCplateI_I_ 印版测量仪一台

* 爱色丽 eXact 标准版分光密度计一台

* 记录笔一支

* 计时器一个

* 放大镜

③竞赛流程

选手从给定的成品印样和对应的印版中，选出一张成品印样，以及与此印样对应的一张印版；

选手用测量仪器按照试题要求测量指定印版参数；

选手用仪器测量印刷品的测控条参数；

选手结合测量的参数分析印版质量；

选手依印张分析印刷工艺；

选手在考核记录表上签字确认。

④评分标准

* 印版参数测量 20 分（分值细节请参考评分表格）

* 印刷品测量及印刷工艺分析 60 分（分值细节请参考评分表格）

* 印版质量分析 20 分（分值细节请参考评分表格）

2. 学生组

（1）产品印刷（分值细节见评分表格，满分为 100 分，权重 50%）

①考核要点及选手能力要求

考核要点：

* 印刷任务准备能力

* 纸张处理能力

* 胶印水 / 墨控制能力

* 印刷品质量评判能力

* 生产时间控制能力

选手能力要求：

* 印刷用纸张的处理能力（理纸、装纸、输纸及收纸）

* 了解胶印过程原理

* 理解胶印压力产生的原理及设定

* 熟悉胶印机的特点及功能

* 能熟练操作印刷机控制系统

* 有一定的判断及解决印刷故障的能力

* 有环保意识

* 能使用通用印刷品质量测量及控制仪器

②竞赛条件

考核题型：实操印刷完成一个四色商业活件（四色印版由组织方提供）。

设备要求：传统四色胶印机一台（决赛用机型为海德堡 SM52-4）。

印刷材料及工具包括：

* 放大镜一个、直尺一把
* 印品测量仪器一台
* 四色数码样一张
* 千分尺一把
* 手电筒一只
* 计时器一个
* 已裁切至印刷要求规格的 157 克双面铜版纸 500 张
* 已制作好的四色印版一套
* 四色油墨一套
* 已配置好的润版液
* 喷粉
* 洁版液
* 海绵及抹布若干
* 洗车水
* 记录笔一支

③竞赛流程

a. 选手上机应考前，工作人员将飞达及收纸装置、印刷机墨键、水位、套准、印刷压力、喷粉复位归零。

b. 考试开始前，工作人员使用 100 张白纸将油墨撤走，橡皮布清洗干净。

c. 选手自行设定计数器，装纸，调整飞达、输纸、收纸，放墨，装版，印刷机设置，水 / 墨及套准调节直至抽出自选样。

d. 最终成品数量要求（幅面：520mm×370mm）：200 张（300 张准备印刷用纸，过程中不提供其他过版纸，亦不允许使用收纸台上的反面白纸）。

e. 准备工作完成后，需连续印刷完规定数量的成品 200 张，中途停机扣除相应的分数。

f. 正式印刷过程中，每隔 90 张左右抽选一张；2 张成品连同自选样共 3 张印品作为评判试卷，三张试卷分值权重相同。

g. 成品数量及时间控制：时间用完即停止一切操作，最终成绩由规定时间内所完成项目累加得出。

④评判标准

操作规范（分值 20 分），规范操作考核内容配分具体如下：

* 装纸规范 1 分

* 飞达、规矩及走纸的设定 2 分

* 收纸调节 1 分

* 喷粉器设定 1 分

* 正常生产时收纸状况（停机次数）2 分

* 印版安装 2 分

* 计数器设定 2 分

* 正式生产过程中监控及套准调节 1 分

* 生产过程中监控墨色 2 分

* 印机控制台操作 1 分

* 收纸整齐 2 分

* 废品规范处理 1 分

* 工作场地清洁 2 分

* 有可能造成设备事故或人身安全事故时，裁判员应立即中止比赛

* 操作不熟练、违反操作程序等相应扣分

* 如选手在操作中遇到问题，开始比赛 30 分钟后，方可询问裁判。首次询问不扣分

* 第二次询问开始，每次将扣除相应的分数（如飞达设置分数、界面设定分数等）

套印准确：（分值 16 分）

* 用 OK 样及第 180 张大货样的两侧十字套准线为检测项目，两张样张分值相同，同一印张左右两侧分值相同

* 用 Techkon iRegister 软件测量套准精度

* 各色套准误差绝对值之和≤ 0.20mm 得 4 分

* 0.20mm ＜误差绝对值之和＜ 0.25mm 得 2 分

* 误差绝对值之和≥ 0.25mm 得 0 分

* 单个颜色套印误差超过 0.08mm 得 0 分

成品数量及时间控制：（分值 4 分）

* 在规定时间内完成竞赛得 2 分

* 成品数量达标得 2 分

* 若印刷准备用纸超过 300 张（不含 300 张）但不到 400 张提交自选样，印刷模块扣除重大失误分 10 分，同时取消第一张成品样的评分。若超过 400 张才提交自选样，再取消第二张成品样，仅用自选样评分

墨色要求 :（分值 54 分）

* 评分以四色墨密度值为依据

* 每个印刷样张上事先设置测量控制条（其中每色 15 个实地色块，每个色块 0.3 分，共三张测量样品，每张样品分值权重相同）

* 参考印刷目标密度：C：1.40±0.08；M：1.40±0.08；Y：1.30±0.08；K：1.60±0.10（现场提供的数码样仅作为参考，不作为评分依据，测量条件：D50/2°，E 响应方式，密度基准白为基于纸张）

* 选手得分由已设置好的参数（四色实地密度）的 Techkon SpectroDrive 或爱色丽 Intellitrax 扫描密度计测量湿密度并计算得出

印刷品外观质量控制：（分值 6 分）

* 要求提交的大货样不允许出现图文区域内的干版及背面蹭脏。大货样中如果出现图文区域干版或背面蹭脏，每张印张扣 2 分

（2）印刷品质量弊病鉴别（满分为 100 分，权重 10%）

①考核要点及选手能力要求

考核要点：

* 印刷工艺及原理基础知识

* 印刷品弊病认知

* 各类印刷弊病产生原因的认知

* 印刷工艺故障、机械故障排除方法的认知

* 印前制作工艺

选手能力要求：

* 印刷品弊病辨别能力

* 熟悉印刷工艺及机械原理

②竞赛条件

考核题型：规定时间内从给出的 10 张印刷坏片中抽取 5 张，找出给定的印刷弊病位置，圈出并写出名称。 给定的 8 类印刷弊病名称如下：干版，水大，套印不

准，背面蹭脏，橡皮布凹陷，印版颜色装错，拉毛，咬口不平。

设备要求：

* 放大镜

* 直尺

竞赛材料及工具：

* 多色印刷品坏片 10 张

* 记录笔一支

* 计时器一个

③评分标准

每张样张分值：20 分。

竞赛时间用完即停止竞赛。

选手得分以在规定时间完成项目累加得出。

（3）复色墨调配（满分为 100 分，权重 15%）

①考核要点及选手能力要求

考核要点：

* 判断专色油墨的成分

* 色彩学基础知识

* 对观色条件的认知

* 能使用通用颜色质量测量及控制仪器

* 利用颜色测量仪器辨别色彩

* 了解墨膜厚度对色彩呈现的影响

* 应用 CIE LAB 及 LCH 色彩空间

* 色差描述方式

* 专色墨调墨规范

* 对环境保护的认知及执行

* 竞赛时间控制

选手能力要求：

* 熟悉油墨颜色呈色原理

* 手工展墨技巧

* 颜色测量仪器应用能力

* 判断专色墨原墨成分的能力
* 了解同一油墨在不同的纸张上会呈现不同的颜色
* 了解专色墨在不同墨层厚度下呈现不同的视觉效果

②竞赛条件

考核题型：

* 规定时间内调配两款 10g 和 30g 的专色油墨（专色样品及调墨工具由组织方提供）

设备要求：

* 油墨展色仪 IGT C1-5 一台，IGT 注墨器一支
* 烘干设备一套
* 至少小数点后两位以上精度的电子秤一台
* 爱色丽 eXact 标准版分光密度计一台

材料及工具

* 预先调配好的专色样 5 份
* 四色墨一套
* 冲淡剂一罐
* 小型调墨刀 10 把
* 20cm×20cm 玻璃两块
* 与色样一致的打样纸条若干
* 适合展色仪展色尺寸的、与色样纸张一致的纸张若干
* 油墨定量仪一只
* 白电油若干
* 手工展色用的塑胶手套若干
* 抹布若干
* 记录笔一支

③竞赛流程

a. 选手随机抽选五个专色样中的两个作为竞赛试题。

b. 选手根据施工单要求设定测量仪器的测量条件。

c. 选手在规定的时间内用现场的材料调配出两款专色墨（每款专色墨要求 10 ～ 30g，包括废墨）。

d. 完成后将所调专色墨提交给现场工作人员展色。

e. 当值裁判记录数据结果。

f. 选手须清洁工作台面（展色仪由工作人员清洁）。

g. 选手最后在展色样张及结果记录表上签名。

④评分标准

a. 评分以选手调配色样的色度与选手抽取的色样色度进行比较。

b. 色彩分值 80 分，工作区清洁分值占 20 分。

c. 展色墨膜厚度在 0.70 ～ 1.30μm。

d. 所调专色墨数量超出 10 ～ 30g 范围的，该项目扣除 20 分。

e. 按色差 ΔE00 的大小进行评分（色差值最小的样品作为竞赛结果）。

f. 色差评分标准为：总分 80 分：

ΔE00 ≤ 2.0，得 80 分；

2.0 < ΔE00 ≤ 2.5，得 70 分；

2.5 < ΔE00 ≤ 3.0，得 60 分；

3.0 < ΔE00 ≤ 3.5，得 40 分；

3.5 < ΔE00 ≤ 4.0，得 20 分；

ΔE00 > 4.0，得 0 分。

* 工作区域清洁标准：总分 20 分，工作区域、台面、墨刀、废弃物处理、溶剂瓶的清洁各占 4 分

* 测量条件：爱色丽 eXact 标准版分光密度计，D50/2°，E 响应，ΔE00 测量公式，M0 模式

注：ΔE00 符合 ISO 12647-2：2013 以后的要求。而 ΔECMC 是英联邦染色师和配色师协会针对服装专色配色的色彩公式，不宜采用。

（4）印刷设备维护保养（20 分钟，满分为 100 分，权重 10%）

①考核要点及选手能力要求

考核要点：

* 印刷压力原理

* 墨辊知识

* 橡皮布知识及原理

* 常用测量工具应用

选手能力要求：

* 熟悉印刷设备常规维护重点

* 熟悉印刷压力产生的原理及衬垫安装方法

* 了解墨辊的作用及保养重点

* 熟练运用常规测量工具

②竞赛条件

考核题型（在规定时间内完成试题要求的常规设备维护保养内容）：

* 测量指定墨辊的基本参数

* 选择橡皮布衬垫纸

* 使用筒径仪及其他工具，根据给定的条件，正确计算印刷压力

* 正确清洁工具及工作环境

设备要求：

* 单色机一台

材料及工具：

* 预先装订好的橡皮衬垫纸三份

* 橡胶墨辊一根

* 橡胶邵氏硬度计一只

* 千分尺一把

* 游标卡尺一把

* 放大镜一只

* 筒径仪一台

* 记录笔一支

③竞赛流程

a. 选手用测量仪器从三组装订好的衬垫纸中选取一组正确的包衬。

b. 用仪器测量橡胶辊的指定参数。

c. 印刷压力（靠身面）的测定，包括印版、橡皮布的辊枕过量，以及结合给定的滚筒参数计算印刷压力值。

d. 选手在考核记录表上签字确认。

④评分标准

* 橡胶辊参数测量： 30 分（分值细节请参考评分表格）

* 合格衬垫纸挑选：30 分

* 印刷压力测定：40 分（分值细节请参考评分表格）

（5）印刷模拟软件应用（满分为 100 分，权重 15%）

①考核要点及选手能力要求

考核要点：

* 熟悉印刷生产流程

* 熟悉印刷生产设备

* 模拟生产流程成本控制

* 熟悉印刷品质量衡量标准

* 生产时间控制

选手能力要求：

* 熟练掌握 SHOTS 软件原理及特点

* 了解 SHOTS 软件功能

* 有一定的印刷实践生产经验

* 了解印刷生产成本组成

* 理解印刷生产时间即是生产成本

* 熟悉印刷产品质量控制要点

②竞赛条件

考核题型［已设置好的易（A 型题）、中（B 型题）、难（C 型题）三道模拟印刷试题］：

* 登录 DLMS 系统，正确打开比赛试题

* 正确解决印刷故障

* 裁判最多可以提示一次

* 不能主观重启软件（软件问题除外）

* 时间用完即停止任何操作

* 以总成本评判考核结果

设备要求：

* 一台预装了 SHOTS 及设置了数十道难度不一的模拟试题的电脑

材料及工具：

* 无须任何材料及工具

③竞赛流程

a. 选手随机抽选 A、B、C 三种题型中各一道作为考题。

b. 按照 A、B、C 由易到难顺序应考。

c. 考试时间用完即停止操作。

d. 成绩以所完成的项目累加得出。

e. 裁判录入成绩并由选手签字确认。

④评分标准

* A 题型分值权重 20 分；B 题型分值权重 30 分；C 题型分值权重 50 分

* 评分以每一题型的总成本为评判依据。选手完成题目后的成本与参考成本进行对比后按照下述规则给出分数

总成本分成十档：

选手的成本低于参考成本，或比参考成本高但范围在 10% 内的，都记为满分；

选手的成本比参考成本高，范围在（10% ～ 20%）的，记为第二档；

选手的成本比参考成本高，范围在（20% ～ 30%）的，记为第三档；

选手的成本比参考成本高，范围在（30% ～ 40%）的，记为第四档；

选手的成本比参考成本高，范围在（40% ～ 50%）的，记为第五档；

选手的成本比参考成本高，范围在（50% ～ 60%）的，记为第六档；

选手的成本比参考成本高，范围在（60% ～ 70%）的，记为第七档；

选手的成本比参考成本高，范围在（70% ～ 80%）的，记为第八档；

选手的成本比参考成本高，范围在（80% ～ 90%）的，记为第九档；

选手的成本比参考成本高，范围在（90% ～ 100%）的，记为第十档；

选手的成本比参考成本高出 100% 或题目未完成的，该试题不得分。

* A 题型每一档递减 2 分；B 题型每一档递减 3 分；C 题型每一档递减 5 分。总成绩由三题得分累加得出

3. 实际操作印刷印样

实际操作印刷印样在附录中展示。

2.4 竞赛细则

2.4.1 竞赛场地软硬件要求

见上述子项目要求。

2.4.2 成绩评定

（1）竞赛成绩由理论知识竞赛成绩和技能操作竞赛成绩两部分组成，理论知识竞赛成绩以百分计算，职工组得分的 30% 计入个人总成绩，实际操作竞赛成绩同样以百分计算，得分的 70% 计入个人总成绩，个人总成绩计算方式为：职工组个人总成绩 = 理论知识竞赛得分 ×30%+ 实际操作竞赛得分 ×70%。学生组理论竞赛得分的 40% 计入个人总成绩，实际操作竞赛得分的 60% 计入个人总成绩，个人总成绩计算方式为：学生组个人总成绩 = 理论知识竞赛得分 ×40%+ 实际操作竞赛得分 ×60%。参赛选手的成绩评定由大赛评判委员会的裁判组负责。

（2）理论知识竞赛试卷采用密封阅卷，实际操作印样采用密码编号后检测评分。

（3）竞赛按照竞赛个人总分成绩决定大赛名次。总成绩相同者，以技能操作竞赛成绩高者为先，如技能操作竞赛成绩仍然相同，则取相同名次。

（4）各代表队和参赛选手不得查阅理论知识考卷和技能操作考卷。

2.4.3 赛场准备

（1）各赛事、赛场组织单位严格按规定的时间和本规则，做好赛场准备工作。

（2）理论知识赛场按照组别设置，每个赛场按照单人单座单排列要求摆放和编号。要求赛场的采光、通风良好，卫生整洁。

（3）实际操作赛场应符合文明生产的要求，场内的设备、设施和编号应符合竞赛职业的特点和安全操作规范的要求。

（4）各赛场入口处应有醒目的赛场编号、职业标志和座位（工位）的起止序号、考生守则、赛场纪律、考试时间及赛场说明；实际操作技能竞赛赛场内应设有安全文明生产操作规则以及警告和禁止标志。

（5）赛场内必须保持安静，禁止吸烟和高声喧哗，未经许可不许随意走动。

（6）参加竞赛选手除携带标准直尺外，不准携带其他刻度的度量工具进入考场，手机必须由工作人员统一保管；待考选手在规定区域候考，考核完成的选手不得在考区逗留。

（7）实际操作赛场应配备相应数量的技术支持人员和设备管理人员。

（8）各赛事、赛场组织单位需要在赛场准备参赛选手总数10%的备用竞赛用机。

2.4.4 赛场组织

（1）在大赛组委会的领导下，组委会秘书处负责大赛组织协调工作。监审组设大赛专家评判委员会负责对大赛全过程进行监督，并受理各代表队和选手的申诉。

（2）成立决赛现场指挥部。设总指挥、副总指挥多人（由大赛组委会成员组成）；总裁判长1人，评审组长、现场裁判长若干人；仲裁组长2人，仲裁人员若干人。总指挥为大赛最高领导，负责大赛全部领导工作，副总指挥协助总指挥工作。总裁判长负责全权处理赛场的竞赛、监考等有关竞赛技术工作，评审组长、现场裁判长协助总裁判长的工作。仲裁组长负责组织对监审组受理的大赛过程中各代表队和选手的申诉、争议进行裁决。

2.4.5 裁判员的条件和组成

（1）执国家裁判员职业证书；

（2）成员由行业内专家及相关专业院校教师组成；

（3）为人正直无私；

（4）保守大赛试题的秘密，严肃赛场纪律；

（5）了解大赛各考核模块；

（6）了解大赛评分要点及评分依据。

2.4.6 申诉与仲裁

（1）参赛选手对不符合大赛规则规定的设备、检测、评判以及工作人员的违规行为等，均可提出申诉。

（2）参赛选手申诉均须通过所在代表队领队，按照规定的时限以书面形式向监审组提出，由仲裁组进行裁决。

（3）仲裁组的裁决为最终裁决，参赛选手不得因申诉或对处理意见不服而停止竞赛，否则按弃权处理。

2.5　竞赛安全要求

2.5.1　竞赛场地安全要求

（1）竞赛场地应设立备考室，当天参加考试人员在无考试项目时需在备考室等待。

（2）竞赛理论考试及实操考试场地安全出口不应少于两个，疏散门应向疏散方向开启。

2.5.2　多层建筑安全要求

多层建筑的教学楼超过 5 层时宜设置安全通道或防火楼梯间。

2.6　竞赛开放现场要求

（1）整个竞赛场所为全开放场地，对所有人员无条件开放。

（2）竞赛工作区域安排有限的护栏设置，以防参观人员干扰选手正常竞赛。参赛选手、非裁判员和非工作人员等与竞赛无关人员不得进入裁判场地，如裁判工作室、裁判员休息室。

（3）现场观众不得大声喧哗，不得向现场比赛人员提供任何暗示。

附录　实际操作印刷印样

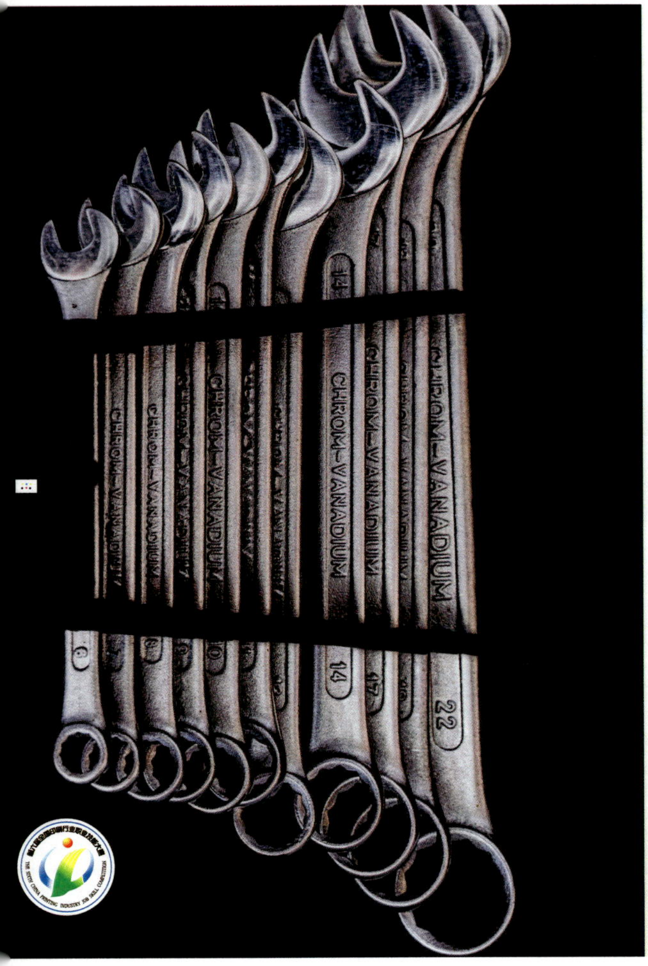
CHROM-VANADIUM
14
22

Merry
Xmas

962
960

PIER 7